Bernadet

RÉFUTATION

DU MÉMOIRE SUR LE SULFATE DE QUININE

DE M. GUÉRETTE,

ET DU RAPPORT FAIT A LA SOCIÉTÉ DE MÉDECINE DE TOULOUSE,
PAR M. MAGNES-LAHENS, DANS LA SÉANCE DU 9 MAI 1825;

PAR M. BERNADET,

ANCIEN PHARMACIEN EN CHEF DE L'HOSPICE SAINT-ANTOINE
A PARIS, ACTUELLEMENT PHARMACIEN A TOULOUSE.

1825.

RÉFUTATION

DU MÉMOIRE SUR LE SULFATE DE QUININE

DE M. GUERETTE,

ET DU RAPPORT FAIT A SUITE A LA SOCIÉTÉ DE MÉDECINE DE
TOULOUSE, PAR M. MAGNES - LAHENS, DANS LA SÉANCE DU
9 MAI 1825;

PAR M. BERNADET,

ANCIEN PHARMACIEN EN CHEF DE L'HOSPICE SAINT - ANTOINE A
PARIS, ACTUELLEMENT PHARMACIEN A TOULOUSE.

RÉFUTATION

DU MÉMOIRE SUR LE SULFATE DE QUININE

DE M. GUERETTE,

ET DU RAPPORT FAIT A SUITE A LA SOCIÉTÉ DE MÉDECINE DE TOULOUSE, PAR M. MAGNES-LAHENS, DANS LA SÉANCE DU 9 MAI 1825;

PAR M. BERNADET,

ANCIEN PHARMACIEN EN CHEF DE L'HOSPICE SAINT-ANTOINE A PARIS, ACTUELLEMENT PHARMACIEN A TOULOUSE.

Veritas omnia vincit.

Il vient de paraître un mémoire imprimé de M. Guerette, pharmacien principal d'armée et Pharmacien en chef de l'hôpital militaire de Toulouse, sur le sulfate de quinine. Si la découverte des alcalis-végétaux fait époque dans l'histoire de la chimie, celle de la quinine, qui en a été une si heureuse et si utile application, honore singulièrement MM. Pelletier et Caventou; et parler de cette substance qui contient les vrais principes fébrifuges des quinquinas, c'est attirer l'attention des gens de l'art sur les doctrines que l'on professe et sur les expériences que l'on a faites pour les confirmer. M. Guerette, qui croit avoir fait une découverte importante sous les rapports d'économie et d'utilité publiques, la provoque avec franchise, et nous croyons lui donner une marque d'estime personnelle en publiant cet écrit qui nous a été commandé par l'amour d'une science qui a fait toute notre occupation, l'unique objet de nos études, et par celles du bien public.

M. Guerette établit deux propositions, non par aucun développement théorique, mais par des faits résultant d'un assez bon nombre d'essais.

La première consiste à dire : « Que la quinine » existe toute entière dans les quinquinas épuisés » par de fortes décoctions dans l'eau bouillante ».

La seconde, « que l'extrait de quinquina obtenu » par l'évaporation de ces décoctions, est dépourvu » de cette substance alcaline. »

Il les appuie du résultat de douze essais dont il décrit les procédés, et les résultats qu'il a obtenu confirment ces propositions.

M. Guerette ne se présente pas seul, il a envoyé son mémoire à la société de médecine de Toulouse, qui l'a fait examiner par une commission prise dans son sein et composée de trois pharmaciens distingués de cette ville, MM. Duprat-Ricard, Tarbés et Magnes-Lahens, qui a fait des expériences confirmatives de celles de M. Guerette, et puis un rapport qui a été imprimé à la suite du mémoire, dans lequel il proclame la nouvelle découverte comme profitable à l'état, à la science et à l'économie pour les malades et pour la pharmacie.

Le rapport a été lu à la séance du 9 mars 1825, et il n'a été contredit par personne ; nous ne savons pas qu'il ait donné lieu à la moindre observation, il aura été adopté de confiance ; mais une pareille attache donne aux travaux de M. Guerette toute

l'importance d'une précieuse découverte , qui n'est
cependant qu'une erreur manifeste facile à démontrer
et entièrement contredite par les expériences que nous
avons faites , qui seules peuvent sérieusement et in-
vinciblement détruire celles de M. Guerette et celles
de M. Magnes-Lahens.

C'est ainsi qu'une erreur annoncée avec solennité ,
accompagnée de la pompe de la séance d'une société savante et si distinguée , et de la gravité d'un
rapport qu'appuient les faits résultant d'une expérience faite pour contrôler celles de l'auteur d'une
prétendue découverte , peut facilement prendre la
place de la vérité et entraîner , non sans danger
pour l'humanité , les praticiens peu instruits qui
s'abandonnent aveuglément à l'autorité de ceux-là ,
que la considération publique , d'ailleurs acquise à
si juste titre élève au-dessus d'eux.

Cette seule considération nous aurait déterminé à
publier la réfutation du mémoire de M. Guerette ;
elle montrera, je l'espère , combien on doit être
conscientieux et réservé quand il s'agit de donner
son assentiment à des choses aussi graves et qui
fixent aujourd'hui l'attention publique par les bien-
faits qu'on a déjà obtenus et par ceux que l'on at-
tend de la découverte de la quinine.

Quand on a une connaissance exacte des travaux
faits sur les quinquinas , antérieurement à la découverte des alcalis-végétaux et de ceux entrepris sur
ces écorces depuis leur découverte , et notamment
de ceux faits par Fourcroi, Vauquelin , Pelletier ,
Caventou et Henry fils, on peut dire avec vérité
qu'on n'aurait pas eu besoin d'expérimenter pour dé-

montrer que les travaux de M. Guerette, et par suite ceux de M. Magnes-Lahens, ne sont point exempts d'erreur.

Un examen réfléchi de la nature et des propriétés générales et particulières des substances diverses qui constituent le quinquina, suffit pour prouver que son principe actif doit se trouver constamment dans le produit des décoctions et non dans le résidu épuisé.

Les résultats de l'analyse du quinquina jaune (cinchona cordifolia), par Pelletier et Caventou, sont,

1.° Le kinate-acide de quinine.

2.° Le rouge cinchonique.

3.° La matière colorante rouge soluble (tanin).

4.° Matière grasse.

5.° Kinate de chaux.

6.° Amidon.

7.° Ligneux.

8.° Matière colorante jaune.

Ils ont remarqué l'absence de la matière gommeuse dans cette espèce de quinquina.

Un des caractères généraux appartenant à ces substances, et notamment celui qui nous rattache le plus au point principal qui nous occupe, est la solubilité plus ou moins complette, soit dans l'eau froide, soit dans l'eau bouillante.

L'une des propriétés principales des alcalis-végétaux est celle de se dissoudre dans les acides, et l'alcalinité de la Quinine, de ce principe actif du quinquina, a été si savamment démontrée, qu'elle est aujourd'hui reconnue par tout le monde.

D'un autre côté, le quinquina recèle dans son sein un acide désigné sous le nom d'acide kinique, dont M. Vauquelin a fait connaître les propriétés ; entr'autres il distingue son extrême solubilité, quand d'ailleurs il peut cristalliser, ce qui lui donne un caractère distinctif différent de tous les acides connus.

Dans le quinquina, l'acide kinique existe uni à la quinine à l'état de kinate acide, et il est reconnu que les combinaisons de l'acide kinique avec les substances terreuses et alcalines sont très-solubles : de là vient que le kinate de chaux et le kinate acide de quinine jouissent éminemment de cette propriété, c'est ce qui fait dire à Thenard, décrivant celles de l'acide kinique, dans son traité de chimie élémentaire, « *que l'acide kinique est très-soluble dans* » *l'eau, et que les sels qu'il forme avec les alcalis* » *et les terres, sont solubles et cristallisables* ».

Ainsi appuyés sur des faits reconnus par des hommes aussi distingués et qui contredisent si hautement ceux avancés par MM. Guerette et Magnes-Lahens, nous pourrions conclure hardiment contre eux ; mais ajoutons encore, s'il est possible, quelque chose de plus précis.

MM. Pelletier et Caventou, dans leur examen raisonné des principales préparations pharmaceutiques, ayant le quinquina pour base, après avoir supposé, ce qui est aujourd'hui généralement admis, que le principe actif du quinquina réside dans la base alcaline végétale qu'il contient, sont amenés très-naturellement à dire qu'on doit en inférer, que dans les préparations pharmaceutiques du quinquina on doit chercher à concentrer le principe actif, à le dégager des matières qui l'enveloppent et à le mettre par là dans l'état le plus propre à être absorbé par

les organes, et qu'il en résulte aussi que les différentes préparations décrites dans nos formulaires,
sont d'autant meilleures, qu'elles réunissent le plus
grand nombre de ces conditions.

Passant ensuite à l'examen de ces préparations et
à celle qui se fait par la décoction, ils disent : que
lorsqu'on soumet le quinquina à l'action prolongée
de l'eau bouillante, *la cinchonine qu'il contient
unie à l'acide kinique se dissout.* La Gomme,
l'amidon, la matière colorante jaune, le kinate de
chaux, le tanin, une portion de rouge cinchonique
se dissolvent aussi, en observant que la matière
grasse se trouve notablement entraînée par ces substances : ils suivent avec perspicacité les divers phénomènes qui se passent pendant l'opération, et expliquent le trouble qui survient dans la liqueur par
le refroidissement, ils en dévoilent la cause dans
l'union du tanin à l'amidon qui forment un composé insoluble à froid, et dans celle de la matière
grasse et du rouge cinchonique, et ces quatre substances, en se précipitant, *entraînent avec elles
une partie de la quinine* ; ils indiquent, autant
qu'il est en eux, les moyens de remédier à cet inconvénient, et ils les trouvent dans l'extrême solubilité de la précieuse substance qu'ils veulent prin-
cipalement conserver.

Il résulte clairement de là, que de toutes les
substances qui se dissolvent par l'action de l'eau
bouillante sur le quinquina, il n'y a que le kinate
de chaux et le kinate acide de quinine qui restent
en solution dans ce liquide froid, et si l'on perd
une portion du principe actif que l'on cherche à

concentrer et à isoler des autres matières qui l'enveloppent, c'est parce qu'elle est entraînée par la précipitation des quatre autres substances, portion que l'on peut conserver en employant beaucoup d'eau, c'est-à-dire en augmentant la masse du dissolvant que l'on réduit ensuite par évaporation après une filtration à froid.

Il en résulte aussi que l'extrait mou du quinquina qui n'est que le résultat de l'évaporation de l'eau dans laquelle le quinquina a long-temps bouilli, contient le principe actif du quinquina qui jouit de toute l'efficacité qu'on peut lui donner par cette préparation.

Passant enfin au sel de lagarée, qui est le résultat de la macération du quinquina dans l'eau froide, et qu'ils ont attentivement étudié, ils ne manquent pas d'observer *que le sel cinchonique est par lui-même assez soluble dans l'eau froide*, mais défendu par une enveloppe de matière colorante rouge insoluble et par la matière grasse qui ne l'est pas moins ; ils expliquent comment ainsi abrité de l'action de l'eau, il ne s'en échappe, il ne s'en dissout qu'une petite partie qui affaiblit l'efficacité du remède qui en effet était reconnu dans la pratique pour être peu fébrifuge.

La doctrine de la solubilité du kinate acide de quinine dans l'eau bouillante et même dans l'eau froide jusqu'à un certain point, est donc généralement adoptée par les savans et par les praticiens instruits, qui, dans leur recherche du principe actif du quinquina, agissent en conséquence.

Cette doctrine est le résultat de toutes les expériences depuis la découverte de l'acide kinique et des alcalis-végétaux que Thenard a converti en un vrai principe de chimie.

Ainsi prétendre que la quinine existe toute entière dans les quinquinas épuisés par de fortes décoctions d'eau bouillante , et que l'extrait mou de quinquina est dépourvu de cette substance alcaline, c'est renverser et détruire la bonne doctrine et la théorie née d'expériences faites, ou par des hommes d'un grand nom , ou par d'autres qui s'élèvent déjà à une hauteur où il est difficile de les suivre.

Il est vrai que M. Guerette, ni M. Magnes-Lahens après lui, se sont bien gardés de les attaquer par le raisonnement, c'est tout sèchement par le résultat de leurs expériences qui, en leur donnant des produits qui sont en contradiction manifeste avec tant d'autres qui les avaient devancés dans la carrière , auraient dû les rendre plus timides et plus circonspects , et leur faire penser que leurs travaux n'étaient pas exempts d'erreur

La solubilité du kinate, acide de quinine, ou de la quinine unie à l'acide kinique dans l'eau bouillante une fois prouvée, il est évident qu'après une décoction poussée loin, c'est-à-dire jusqu'à ce que le quinquina est *totalement épuisé*, comme le disent MM. Guerette et Magnes-Lahens, le principe actif du quinquina doit se trouver en totalité dans le liquide et qu'il n'en doit rien rester dans le bois , dans le résidu desséché, qui n'est plus qu'une poudre extrèmement légère, d'une couleur triste et sombre, insipide, qui ne cède rien ni à l'alcohol ni à l'éther, et qui , réduit en cendres , ne laisse apercevoir aucune trace de sulfates et hydrochlorates alcalins.

Ceux qui comme M. Guerette d'abord, et M. Magnes - Lahens ensuite, expérimentent sur des quinquinas épuisés par de longues et fortes décoctions ignorent, méconnaissent ou contestent les propriétés de l'acide kinique uni aux terres et aux alcalis, car autrement ils ne pousseraient pas plus loin, ils connaîtraient d'avance l'inutilité d'une aussi vaine tentative.

Cependant M. Guerette s'est livré à une assez longue suite d'essais et il a trouvé la quinine dans le quinquina épuisé par de fortes décoctions; et malgré les principes connus et les précédentes expériences qui leur avaient donné naissance, force et vertu pour être généralement adoptés. M. Magnes-Lahens, nommé Commissaire par une Société de Médecine pour vérifier M. Guerette, a expérimenté comme lui, sans doute, avec l'application convenable, et il a également trouvé la quinine dans le quinquina épuisé par de fortes et longues décoctions, et après l'avoir trouvé là, où il est impossible qu'elle soit, ils ne l'ont point trouvée dans les extraits aqueux, c'est-à-dire là où il est impossible qu'elle ne soit pas.

M. Magnes-Lahens a dû proclamer la découverte de M. Guerette; et certes si elle était telle, il faudrait convenir qu'elle en vaudrait bien une autre.

M. Guerette, tourmenté depuis long - temps, comme il le dit lui-même, par une fausse idée, a fait successivement plusieurs essais dont il décrit les procédés dans son mémoire.

Il rend compte d'abord de ceux qu'il a fait sur

des quinquinas totalement épuisés par de *fortes dé-*
coctions, et il assure qu'ils lui ont fourni à peu près
la même quantité de sulfate de quinine que celle
qui est annoncée par les auteurs ; qu'il l'a obtenu
très-blanc à la première cristallisation, ce qui, dit-
il, n'arrive pas avec le quinquina vierge. Il pense
donc « que pour obtenir plus blanc et avec plus
» de facilité les alcalis et les sels alcalins des quin-
» quinas, il conviendrait de soumettre ces écorces
» à des décoctions préliminaires et même d'en sé-
» parer les extraits qui, d'après ses expériences,
» paraissent ne pas contenir de quinine. »

Il a fait un quatrième essai sur le quinquina
vierge, dont deux kilogrammes ne lui ont donné,
malgré trois dépurations que dix-huit grammes de sulfate de quinine, mais couleur nankin, ce qui devait
l'obliger à une quatrième dépuration qui devait lui
faire perdre un dix-huitième de son poids, par où
M. Guerette n'a obtenu du quinquina vierge qu'une
quantité de sulfate de quinine exactement égale à
celle qu'il avait obtenu du quinquina épuisé par de
fortes décoctions antérieures, résultat dont il appuie
son système.

Il essaie enfin sur les décoctions aqueuses et sur
les extraits alcoholiques, il détaille ses procédés,
indique ses résultats dont il tire cette conséquence,
page 8 de son mémoire, « que les décoctions aqueuses
» et les extraits aqueux et par l'alcohol faible, ne
» contiennent pas sensiblement de quinine. » Ainsi
son système repose sur cette double expérience qui
a été suivie de quelques autres essais confirmatifs.

En sorte que, si nous résumons son travail, nous

trouvons que M. Guerette a employé onze kilogrammes de quinquina vierge ou épuisé qui ne lui ont
fourni que 192 grammes 3|4 de sulfate de quinine,
plus ou moins épuré, plus ou moins blanc, quantité
qu'il dit être à peu près celle indiquée par les auteurs.

Malgré cette assertion, observons que cette même
quantité de quinquina, traité simplement par le procédé de M. Henri fils, aurait dû lui produire 352
grammes de sulfate de quinine, parfait et très-blanc,
quantité que nous obtenons nous-même dans cette
proportion toutes les fois que nous cherchons le sulfate de quinine.

Il a donc trouvé, non une quantité à peu près
égale à celle que les auteurs indiquent, mais il en
a trouvé 160 grammes de moins que M. Henri fils
n'en indique.

Cette différence est grave et elle nous porte à
croire que M. Guerette, trop préoccupé peut-être
de ses idées, n'a pas employé une rigoureuse exactitude dans le cours de ses opérations.

Désormais, fort du résultat de ces expériences qui
ont lieu d'étonner tous ceux qui ont eu accès dans
la science, et plus particulièrement les gens de l'art
qui réunissent la théorie à la pratique journalière,
M. Guerette s'empressa d'envoyer son mémoire à
la Société de Médecine, qui en confia l'examen à
une commission qui est représentée par M. Magnes-Lahens, son rapporteur, qui a réitéré les
expériences de M. Guerette pour les vérifier.

M. Magnes-Lahens a fait un rapport qui a été imprimé.

Il a opéré sur deux kilogrammes de quinquina comme M. Guerette, et il assure : « que ces deux » kilogrammes de quinquina, après avoir été réduits » en poudre , ont été partagés à la balance en deux » parties égales et traitées séparément , selon la » méthode de M. Henri ; que toutes fois le second » lot venait d'être épuisé par trois longües décoc- » tions successives de la matière extractive et de » toutes les autres substances solubles dans l'eau.

- » Il ajoute, que les trois décoctions réunies ont » produit 2 hectogrammes (6 onces 2 gros) d'extrait » de très-bonne qualité, qui séparément et comme » le quinquina vierge, a été soumis à l'action suc- » cessive et deux fois réitérée de l'acide sulfurique » de la chaux vive , de l'alcohol et du charbon » animal dont il place le produit dans un tableau. »

» Dans le quinquina vierge, il n'a trouvé que 12 » grammes sulfate de quinine ou de cinchonine, dont » 10 de sulfate de quinine. »

Dans celui épuisé, 8 grammes, dont 6 de sulfaté de quinine et deux de cinchonine.

Il est vrai que M. Magnes-Lahens a opéré sur un quinquina bien choisi d'ailleurs, mais mélangé d'un tiers de quinquina gris.

Il déclare enfin qu'il a vainement cherché dans les extraits aqueux, la quinine ou la cinchonine, et que ses résultats négatifs ont été confirmés.

On voit donc que les résultats de l'expérience faite par M. le Commissaire-Rapporteur, différant peu par les quantités, sont identiques quant au fait

principal , ce qui fait bientôt proclamer le travail
de M. Guerette comme contenant une utile et précieuse découverte , surtout *pour la France , car il
doit en résulter à l'avenir une économie considérable par l'affranchissement qu'elle procurera du
tribut à payer pour le prix du quinquina à l'Amé-
rique méridionale.*

On doit remarquer que M. Magnes-Lahens y va
de si bonne foi et qu'il a cru si sérieusement à
une glorieuse et utile découverte , que ce n'est pas
sans dessein qu'il a mélangé le quinquina jaune avec
le quinquina gris dans ses expériences ; il a voulu
évidemment participer aux heureux travaux de M.
Guerette autant qu'il était en lui , en appliquant à
la cinchonine la théorie que celui-ci établissait pour
la quinine , mais malheureusement la tentative est
vaine ; parce que la découverte s'évanouit.

Observons encore que M. Magnes-Lahens, en opé-
rant sur deux kilogrammes de quinquina jaune mêlé
d'un tiers de quinquina gris, divisés en deux parts
égales , a retrouvé les mêmes quantités de sulfate
de cinchonine, mais qu'il a perdu dans son essai
numéro 2 , quatre grammes de sulfate de quinine. Ces
quatre grammes doivent se retrouver , ils ne sont pas
perdus pour le chimiste, et cependant M. Magnes-
Lahens affirme qu'il n'en existe pas vestige dans l'extrait mou qu'il a obtenu dans cette seconde opération.

Observons enfin que M. Magnes-Lahens n'a obtenu
qu'un total de quinine et de cinchonine de 20 grammes ;
M. Henri en aurait obtenu 64 grammes environ, ce qui
fait que M. Magnes-Lahens a perdu évidemment 44
grammes sur une aussi petite quantité de quinquina.

Quant à nous, nous obtenons toujours à peu de chose près les quantités désignées par M. Henri, et même nous les surpassons de quelque chose sur certains quinquinas, et quand nous sommes en moins, la différence n'est jamais aussi considérable que celle que présentent les résultats de M. Magnes-Lahens.

Ces faits, résultats des expériences de M. Guerette, accompagnés d'une confirmation solennellement donnée par le Rapporteur, Membre de la Société de Médecine, sont évidemment destructeurs de ceux résultant de celles faites par des hommes que l'Europe ou que la France honorent, et ce premier aperçu nous aurait fait juger que les expériences de M. Guerette étaient le fruit d'une simple erreur qui, l'entraînant malgré lui, l'aurait ensuite enveloppé d'illusions qui lui auraient ainsi caché la vérité.

Nous aurions pu penser que M. Guerette était parti de cette fausse croyance qu'il opérait sur des quinquinas qui avaient bien subi une légère décoction, mais qui n'avaient pas été totalement épuisés, que par cette raison il trouvait encore de la quinine dans les résidus de ce même quinquina, qui en effet ne lui donnait que la moitié environ de celle qu'ils auraient dû lui donner; et si nous n'avions pas pu expliquer comment il n'en trouvait pas dans les décoctions aqueuses ni dans l'extrait mou de quinquina, nous aurions présumé qu'une autre erreur dont la cause nous était inconnue, avait également trompé M. Guerette.

Mais l'assertion de M. Magnes-Lahens est d'une gravité que nous avons cru digne d'attirer l'attention ; il était commis par la Société de Médecine
dont

dont tous les membres ont une connaissance de la chimie plus ou moins approfondie ; il devait contrôler les faits avancés par M. Guerette, et son rapport a dû être signé par ses deux confrères qui l'auraient confirmé s'ils avaient assisté aux expériences, et qui seraient censés partager ses opinions.

Il était dangereux de laisser propager cette fausse doctrine, que le principe actif du quinquina n'existe pas dans les décoctions et dans les extraits dont il est la base; il aurait pu induire en erreur le praticien cupide ou ignorant qui en aurait abusé en ne donnant plus, au lieu de bonnes décoctions et de bons extraits, que des remèdes aussi imparfaits qu'inéficaces ; car une décoction parfaite comme l'extrait mou de quinquina, par exemple, est une préparation médicinale qui doit contenir tout le principe actif du quinquina, et celui qui en serait dépourvu, doit être rejeté et banni du domaine de la médecine et de la pharmacie.

Nous résolumes dès-lors de faire entendre notre voix afin que de semblables doctrines ne fussent pas professées publiquement et présentées comme un degré qui conduit à la gloire d'une utile et précieuse découverte.

Avec Vauquelin et Thenard, Pelletier et Caventou, et j'ose dire avec tous les hommes instruits dans la science, nous avons invoqué le principe de la solubilité de l'acide kinique uni à des alcalis végétaux, c'est-à-dire de la solubilité dans l'eau bouillante du kinate acide de quinine. Il faut détruire et ruiner ce principe avant de faire triompher un système contraire par des expériences que nous contredisons

2

formellement, parce qu'il est impossible que la
quinine puisse se trouver dans le quinquina totalement épuisé par de fortes décoctions d'eau bouillante,
et ne pas se trouver en entier dans le produit de la
décoction.

Pour soutenir cette assertion, nous opposons les
principes d'une théorie fondée sur les expériences les
plus savantes; et aux expériences récentes et récem-
ment publiées de MM. Guerette et Magnes-Lahens,
nous opposons nos propres expériences que nous avons
faites avec le plus grand soin et toute l'exactitude
dont nous sommes capables.

Nous ne pensons pas, nous n'avons jamais pensé
qu'il en fût besoin pour prouver l'erreur de MM.
Guerette et Magnes-Lahens, mais nous les avons
faites et nous les publions afin de rendre notre réfutation complette et de vaincre par ce moyen la
prévention la plus obstinée.

PREMIÈRE EXPÉRIENCE.

Dans cette vue, nous avons opéré sur un kilo-
gramme d'écorce de quinquina jaune (*cinchona
cerdifolia.*)

Il a été réduit en poudre fine et passé au tamis
de soie.

Il a été traité à chaud par dix kilogrammes d'eau
distillée, l'ébullition a été long-temps soutenue afin
d'obtenir une forte décoction. Cette opération fut
réitérée autant de fois que cela fut nécessaire pour
l'épuiser, c'est-à-dire jusqu'à ce que la dernière décoction ne nous a fourni aucune trace d'amertume,

et que le résidu ligneux n'a offert d'autre saveur que
celle de l'insipidité qui lui est propre, ce qui néce-
sita l'emploi de cent cinquante livres d'eau.

Les décoetions filtrées bouillantes étaient amères,
claires et d'une couleur rougeâtre, se troublant et
devenant jaunâtres par le refroidissement, les dernières pas autant que les premières.

Ces caractères très-bien décrits par Pelletier et
Caventou, impriment à nos sens la certitude que
tous les principes solubles du quinquina y étaient
contenus ; et voulant nous débarrasser d'une aussi
grande masse de liquide, nous les réunîmes et les
fîmes évaporer en consistance d'extrait mou, en
suivant les règles voulues pour la préparation de
eet extrait que nous examinerons ensuite.

DEUXIÈME EXPÉRIENCE.

Après avoir ainsi épuisé le quinquina par l'eau
bouillante, sa masse était entièrement insipide et
ne présentait aucun caractère qui pût même faire
soupçonner qu'il était le résidu d'une écorce de
quinquina.

Ce résidu fut alors traité par le procédé d'Henri
fils ; en conséquence, nous le fîmes bouillir pendant une demi-heure dans huit kilogrammes d'eau
distillée, légèrement acidulée avec trente-deux grammes d'acide sulfurique, au lieu de cinquante employés
ordinairement par le procédé cité.

Nous crumes nécessaire cette diminution d'acide ;
nous craignîmes qu'ayant épuisé le quinquina par
de longues et fortes ébullitions, une quantité ordi-

naire d'acide ne fût trop forte, et qu'alors, agissant trop immédiatement sur l'alcali-végétal, il ne l'altérât, soit dans sa nature, soit en quantité ; il aurait d'ailleurs fallu employer une plus grande quantité de chaux pour saturer cet acide, et nous voulions éviter, autant que possible, les grandes masses.

Cette épreuve fut réitérée quatre fois de suite, toujours avec de nouvelles quantités d'eau et d'acide.

Ces liquides réunis avaient une couleur légèrement jaune, rougeâtre, sans autre saveur que celle de l'acide employé, traités par la chaux vive nouvellement délitée, et nous avons toujours accordé la préférence à la chaux délitée, parce que nous avions remarqué que nous obtenions plus de quinine par ce moyen, qu'en employant la chaux vive réduite en poudre, ce qui avait été également observé par Arnaud de Nancy. Traitées par la chaux, au moment où le liquide approcha de l'alcalinité, il se forma dans la liqueur un précipité floconneux, mais peu abondant ; sa couleur était d'abord grisâtre et puis rougeâtre, tout fut jeté sur un filtre de toile ; le liquide était clair, alcalin et jaunâtre, sa saveur qui jusques-là n'avait montré que l'acidité, s'était faiblement développée et l'amertume était sensible.

Le dépôt resté sur le filtre n'en avait aucune.

Le liquide obtenu a été acidulé par un peu d'acide sulfurique étendu d'eau et concentré au tiers de son volume, comme on le fait par le procédé ordinaire, et lorsque ce liquide a été élevé à la température de soixante degrés environ (Réaumur), on aperçut autour de la bassine se former un dépôt d'une substance aiguillée très-blanche, en même temps le centre du liquide se trouvait obscurci par des cristaux de même forme et colorés, alors je filtrai, le liquide fut clair et le dépôt conserva sa forme et son brillant cristallin, quoique toujours coloré.

En suivant toujours l'opération, nous plaçâmes la liqueur sur le feu pour la concentrer de nouveau, et peu d'instans après qu'elle eut éprouvé l'action du calorique, il se forma encore dans l'intérieur du liquide une nouvelle quantité de cristaux très-brillans, soyeux et d'une blancheur éclatante, et quand il ne se forma plus de cristaux, nous filtrâmes de nouveau, et nous obtinmes sur le filtre un sel très-blanc, très-léger et soyeux, mais d'une insipidité absolue (*. Ce sel, qui avait été porté dans l'opération, comme je m'en suis convaincu en le décomposant par le sous-carbonate de potasse, nous a fourni au réactif tous les phénomènes du sulfate de chaux.

La liqueur dont nous venons de séparer le sulfate de chaux, était presque sans couleur et peu amère, et à raison de son peu de volume, nous la mîmes à part pour ensuite être jointe à des produits subséquens.

———

TROISIÉME EXPÉRIENCE.

Examen du précipité des liqueurs acidulées, obtenu par la chaux délitée.

———

La masse de précipité que j'avais obtenu dans

———

*) J'ai fait voir ce produit à plusieurs personnes qui, en l'examinant sous le simple rapport physique, a toujours été pris pour du sulfate de quinine.

cette circonstance, n'était pas aussi volumineuse que celle que l'on obtient en traitant par les procédés ordinaires une égale quantité de quinquina non épuisé.

Ce précipité seché et réduit en poudre, fut mis dans le bain-marie d'un alambic, avec trois kilogrammes d'alcohol à trente-six degrés, et le tout disposé convenablement fut chauffé pendant deux heures et l'opération conduite de manière à ne pas opérer la distillation du liquide alcoholique ; cependant il en coula quelques gouttes dans le récipient. Ce traitement fut réitéré quatre fois avec du nouvel alcohol ; ces liquides alcoholiques filtrés chaque fois et réunis, avaient une couleur légèrement ambrée et presque insipide ; ils furent mis dans le bainmarie d'un alambic afin d'en retirer l'alcohol.

Nous y trouvâmes en très-petite quantité un liquide trouble, légèrement amer, et dans lequel nageait un peu de matière résinoïde, amère et presque cassante, pesant soixante grains *marc*.

Ce produit ne nous a pas permis d'examiner séparément la partie liquide, de la petite masse solide, aussi les avons-nous réunies dans une capsule de porcelaine, et nous les avons traitées à chaud par l'eau faiblement acidulée d'acide sulfurique, ce qui a été réitéré trois fois.

Ces liqueurs acides, filtrées et réunies au produit de la deuxième expérience, ont été concentrées et saturées par du carbonate de chaux ; filtrées de nouveau et refroidies, elles ne nous ont donné aucun vestige de cristallisation ; alors présumant avec raison que le liquide était trop étendu, nous l'avons concentré à l'instant au bain-marie, et refroidi, il nous a donné, après trois jours, quelques cristaux aiguillés qui ont été sechés convenablement et qui ont pesé vingt grains. C'était du sulfate de quinine.

Le résidu liquide n'a plus voulu cristalliser malgré tous les soins que nous avons pris, soit à l'aciduler, soit à le saturer ; il était formé d'un peu de matière jaune et de matière grasse comme la partie restée sur le filtre qui avait refusé de se dissoudre dans l'eau acidulée.

Nos résultats étaient en harmonie avec les principes, et les travaux de Pelletier et Caventou, mais en manifeste contradiction avec ceux de l'auteur du mémoire et du rapporteur à la société de médecine. Notre prudente impartialité, et par-dessus tout l'amour de la science et de la vérité, nous déterminèrent à réitérer nos expériences ; nous opérâmes sur les mêmes quantités, en prolongeant nos décoctions ; nous employâmes moins d'eau pour épuiser le quinquina ; les résultats furent les mêmes, sauf que nous ne trouvâmes que seize grains de sulfate de quinine au lieu de vingt.

L'existence de cette petite quantité de quinine, unie à la matière grasse que nous avons trouvée dans le quinquina épuisé, s'explique très-bien et se rattache à un principe de chimie qui ne doit être oublié de personne.

Ce principe est que l'atraction de composition est en raison inverse de la saturation des corps, d'où résulte que les premières molécules qui s'unissent à un corps, adhèrent bien plus fortement que les dernières ; en sorte qu'il est souvent très-aisé de séparer les premières molécules du principe d'un composé, tandis que les dernières se séparent avec une extrême difficulté.

Le résultat obtenu confirme ce principe. La matière grasse a donc dû retenir quelques atômes de kinate acide de quinine qui, à son tour, a été retenue par la fibre ligneuse ou par son insolubilité dans l'eau.

QUATRIÈME EXPÉRIENCE.

EXAMEN de l'extrait de Quinquina.

L'on conçoit bien que le kinate acide de quinine n'existant point dans le quinquina épuisé, nous devons nécessairement le retrouver dans le produit des décoctions évaporées en consistance d'extrait.

L'extrait mou contient en effet tout le principe actif du quinquina, et c'est dans cette masse que la chimie doit aller puiser la quinine et non dans le ligneux épuisé de cette écorce, qui n'est plus que la fibre insipide et morte du bois.

Deux moyens nous sont offerts pour l'extraction de cette base alcaline-végétale.

1.º L'eau acidulée par l'acide-sulfurique.

2.º L'alcohol.

Dans cet examen nous avons divisé l'extrait mou que nous avions obtenu en traitant le quinquina par l'eau bouillante en deux portions égales que nous avons numérotées 1 et 2.

Le N.º 1 a été mis dans une boule d'étain et
traité

traité à trois reprises différentes par l'alcohol bouillant rendu légèrement alcalin par la potasse.

Le kinate acide de quinine a été décomposé ; et la quinine a resté en solution dans l'alcohol qui, évaporé lentement dans un bain-marie convenablement disposé, nous a laissé une matière résinoïde qui, traitée à son tour par de l'eau acidulée par l'acide sulfurique, en conformité du procédé d'Henri fils, nous a fourni du sulfate de quinine très-beau et en rapport pour les quantités avec celles que nous énonçons plus bas dans notre expérience sur le quinquina vierge.

Le N.° 2 fut ensuite traité directement par l'eau acidulée, et les résultats ont été les mêmes.

Nous lisons à l'instant l'extrait d'un mémoire traitant de l'action du sulfate de quinine sur le vin, et des moyens d'y reconnaître ce sel, par M. Henri, chef de la pharmacie centrale à Paris (*.

Il démontre que la teinture de noix de galle est le moyen le plus sensible pour reconnaître la présence des plus petites quantités de quinine dans le vin, ce qui se trouve d'accord avec les propriétés de cet alcali-végétal.

Nous avons fait une application de ce procédé qui nous a bien réussi.

En conséquence, nous avons pris quelques grains de la substance résinoïde obtenue en traitant l'extrait mou par l'eau acidulée, précipitée par la chaux, reprise par l'alcohol, et réduite ensuite en consistance sireupeuse.

*) Journal de chimie médicale, juin 1825.

Elle s'est dissoute à l'instant dans un peu d'eau acidulée.

Quelques gouttes d'ammoniaque ont suffi pour saturer l'excès d'acide , et l'addition de quelques gouttelettes de teinture de noix de galle y a produit sur le champ un précipité floconneux, insoluble dans l'eau , mais très-soluble et dans l'alcohol et dans l'eau acidulée par l'acide sulfurique.

Ce fait, joint à la belle cristallisation de sulfate de quinine, obtenue dans le cours de l'opération , ne laisse plus aucun doute sur l'existence du kinate acide de quinine, ou ce qui est la même chose, du principe actif dans l'extrait mou de quinquina.

—

CINQUIÈME EXPÉRIENCE.

SUR le Quinquina vierge.

—

Cette opération nous est familière , puisqu'elle rentre dans nos travaux journaliers ; elle n'aurait pas été nécessaire, s'il n'avait pas fallu constater la quantité de quinine trouvée dans le même quinquina qui avait servi à nos expériences précédentes.

Deux kilogrammes du même quinquina vierge que celui déjà employé, traité par le procédé d'Henri fils , nous a donné soixante-dix grammes de très-beau sulfate de quinine. Mais il faut convenir que nous avions employé dans ces essais un quinquina très-beau et bien supérieur à certaines écorces que l'on ne rencontre malheureusement que trop souvent dans le commerce.

Une chose qui nous a frappé dans le mémoire

de M. Guerette, c'est qu'il n'a jamais obtenu, par les procédés connus, qu'un sulfaté de quinine coloré, tandis qu'il l'obtient toujours très-blanc par le moyen qu'il emploie. Nous préparons de grandes quantités de sulfate de quinine, soit par le procédé de Pelletier, soit par celui d'Henri, et nous pouvons affirmer que nous l'obtenons très-beau, très-blanc, et comparable, à tous égards, à celui qui sort des laboratoires de Paris.

Nous saisirons cette occasion pour faire quleques remarques pratiques sur le procédé d'Henri fils.

Il conseille de décolorer, par le charbon animal, les liquides acidulés contenant toute la quinine, obtenus par la distillation du liquide alcoholique, de les concentrer et de les saturer ensuite par le carbonate de chaux. Nous avons souvent eu occasion de remarquer que le charbon animal, tel qu'il se trouve dans le commerce, produisait simultanément ce double effet, soit à raison de sa propriété décolorante, soit par le carbonate de chaux qu'il contient. Ce moyen évite une perte inévitable qu'occasionne ordinairement une manipulation réitérée.

Nous avons aussi remarqué que le charbon animal qui se trouve en masse assez dure, ne décolorait pas aussi bien quand il était nouvellement réduit en poudre; pour obvier à cet inconvénient, on doit le réduire en poudre et l'exposer pendant quelques jours à l'air libre avant de l'employer.

En parlant de la saturation, M. Henri dit : que les liqueurs doivent être parfaitement neutres. Nous observons que ce point est très-difficile à saisir, même pour les praticiens, quand ils sont peu habi-

tués à des travaux de ce genre, aussi nous conseil-
lons de ne saturer avec le carbonate de chaux, ou
le charbon animal, que jusqu'au point où le papier
de tournesol, plongé dans la liqueur, prend une
teinte lie de vin foncé, et de filtrer tout de suite.
La liqueur qui passe alors est neutre et fournit sur
le champ; et à mesure que la liqueur refroidit,
des masses de cristaux de sulfate de quinine très-
aiguillé, soyeux et d'une blancheur éclatante.

Ainsi d'accord avec la théorie et avec des hommes dont le nom est si honorablement attaché à la
découverte de la quinine, nos propres expériences
prouvent que les deux propositions avancées par
M. Guerette, et appuyées et soutenues par M.
Magnes-Lahens, sont fausses, et qu'on doit au contraire admettre, comme vraies et comme généralement adoptées, les deux propositions diamétrale-
ment opposées, savoir :

Que les quinquinas épuisés par de fortes et longues décoctions dans l'eau bouillante, sont absolu-
ment dépouillés de leur principe actif ou kinate acide
de quinine.

Et que l'extrait mou de quinquina, obtenu par
l'évaporation des décoctions, le contient tout en état
de kinate acide.

Je n'ai voulu parler que dans l'intérêt de l'humanité, de la science et de l'art, mon dessein étant
accompli, je me tais.

IMPRIMERIE DE BENICHET AÎNÉ, RUE DE LA POMME, N.° 22.

www.ingramcontent.com/pod-product-compliance
Lightning Source LLC
Chambersburg PA
CBHW070718210326
41520CB00016B/4387